飓风

风和水的交响曲

[美]贝琳达·詹森/著　　[美]勒尼·库里拉/绘

邓　峰/译

中信出版集团|北京

献给我的母亲杰基，她一直是我最棒的啦啦队长。也献给我的父亲肯，他总会质疑我的行为，从而激励我做到最好。我爱你们！ ——贝琳达·詹森

献给我的父母，在我画这本书时，是你们一直陪伴在我身边！ ——勒尼·库里拉

图书在版编目（CIP）数据

飓风：风和水的交响曲 / (美) 贝琳达·詹森著；
(美) 勒尼·库里拉绘；邓峰译. -- 北京：中信出版社，
2019.3（2021.8 重印）
书名原文：Spinning wind and water: hurricanes
ISBN 978-7-5086-8467-3

Ⅰ．①飓… Ⅱ．①贝…②勒…③邓… Ⅲ．①台风—
少儿读物 Ⅳ．① P444-49

中国版本图书馆 CIP 数据核字 (2017) 第 309027 号

飓风：风和水的交响曲

著　者：[美] 贝琳达·詹森
绘　者：[美] 勒尼·库里拉
译　者：邓　峰
出版发行：中信出版集团股份有限公司
　　　　　（北京市朝阳区惠新东街甲4号富盛大厦2座　邮编　100029）
承　印：当纳利（广东）印务有限公司

开　本：889mm×542mm　1/16　　印　张：1.5　　字　数：20千字
版　次：2019年3月第1版　　印　次：2021年8月第8次印刷
京权图字：01-2016-7061
书　号：ISBN 978-7-5086-8467-3
定　价：15.80 元

出　品：中信儿童书店
图书策划：知学园
策划编辑：潘　婧　　责任编辑：曹红凯　　营销编辑：李丽萍
封面设计：佟　坤　　内文排版：李艳芝

版权所有·侵权必究
如有印刷、装订问题，本公司负责调换。
服务热线：400-600-8099
投稿邮箱：author@citicpub.com

目　录

第一章
飓风季

　　贝儿一把抱住了祖父，说："太好了！妈妈去参加气象会议了，能来探望你和祖母我真高兴！"

"我高兴是因为我能一个人来了。我喜欢佛罗里达！"贝儿的表弟迪伦说，
"在家里，秋天就意味着又得拿耙子打扫树叶了，可这里还像夏天一样。"

"这里的 10 月还是飓风季节，"祖父说，"实际上，我一直在用笔记本电脑追踪一个热带风暴。"

"飓风！"迪伦说，"我来这儿可不是为了让风把我吹跑的！"

飓风是在热带海域上空形成的巨大风暴。飓风的旋转速度在每小时 74 英里（约合 119 千米）以上。在美国，一般从 6 月到 9 月是飓风季。

祖父把手放在迪伦肩上。"现在它还不是飓风，"他说，"跟我到车库来，我给你讲讲。只要知道天气是怎么回事，你就不会害怕了！"

第二章
旋转的云

祖父指着一幅地图说："赤道附近的海洋很温暖，会把海水上空的空气加热。风把热气流聚集在一起并使其上升。于是这些温暖、潮湿的空气就变成了风暴云。"

应急箱

"接下来的事我知道！"说着贝儿转起了一个沙滩皮球。

"地球就像这个球一样，转个不停，于是就把云也带着转起来了！"

飓风是热带气旋的一种。在世界其他地方，飓风也被叫作台风、旋风或畏来风。

"说得没错，懂天气的女孩贝儿！"
祖父说，"你还知道些什么？"

"有时候云会变大，"贝儿说，"风也转得
越来越快，热带风暴就变成了飓风！"

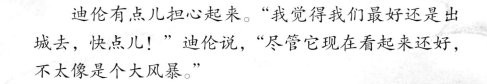

迪伦有点儿担心起来。"我觉得我们最好还是出城去，快点儿！"迪伦说，"尽管它现在看起来还好，不太像是个大风暴。"

飓风眼是位于飓风中央的一块平静区域。在北半球，风围绕风眼按逆时针方向旋转，在南半球则按顺时针方向旋转。

第三章
为飓风做准备

祖父轻轻敲打着地图说："我观察的这个风暴还离得远着哪。它移动得很慢，而且应该不会到佛罗里达来。它现在还没达到飓风的强度。很多风暴都不会形成飓风。"

"气象学家也会一直关注着它。"贝儿说，"飓风形成需要好几天的时间，如果非走不可，我们在它到这里之前再走也来得及，迪伦。"

平均来看，每年会有两场飓风袭击美国，但每个飓风季的时间都不一样。

13

"我已经为飓风的到来做好准备了，"祖父说，"我有防护窗，可以保护玻璃，应急箱也准备好了。"

应急箱

祖父拍了拍迪伦的头。"有时候我们还真得出城去躲一躲。飓风会把海水吹到岸上,这种现象叫风暴潮。发生风暴潮时我们会事先得到警报,可以及时转移到内陆。"

飓风经常会伴随形成龙卷风。如果被飓风困住,最安全的做法是找一个没有窗户的房间躲避。

15

第四章
给风暴命名

贝儿把迪伦拽到地图前。"有些飓风永远也到达不了陆地，"她说，"这些线标出了一些飓风的移动路线。看，有很多飓风在登陆前就消失了。"

佛罗里达

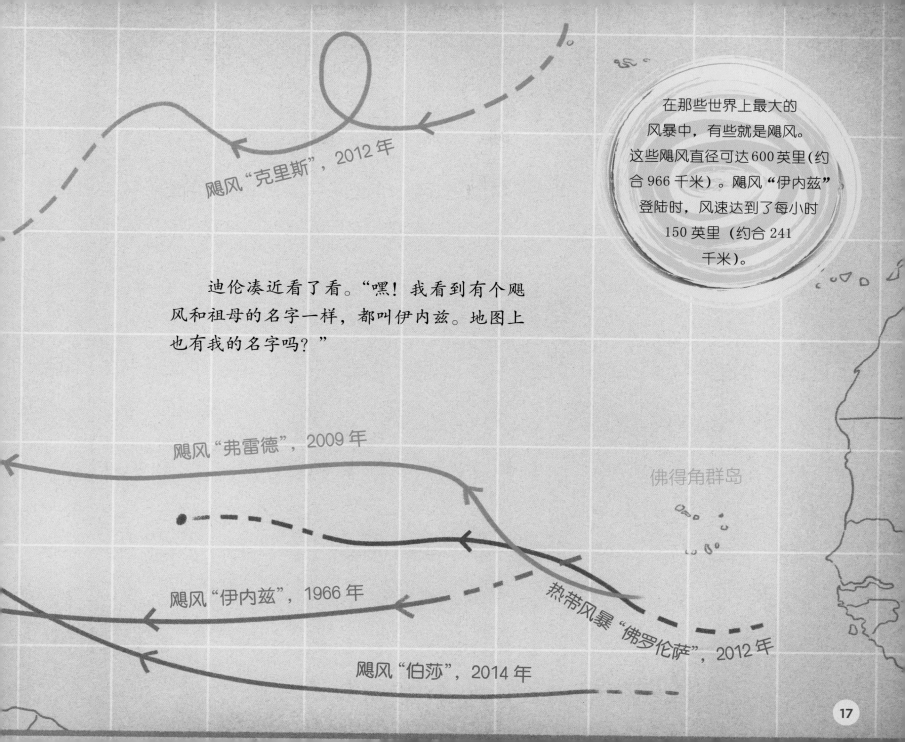

飓风"克里斯"，2012年

在那些世界上最大的风暴中，有些就是飓风。这些飓风直径可达600英里(约合966千米)。飓风"伊内兹"登陆时，风速达到了每小时150英里（约合241千米）。

迪伦凑近看了看。"嘿！我看到有个飓风和祖母的名字一样，都叫伊内兹。地图上也有我的名字吗？"

飓风"弗雷德"，2009年

佛得角群岛

飓风"伊内兹"，1966年

热带风暴"佛罗伦萨"，2012年

飓风"伯莎"，2014年

祖父笑了。"有时候我可以叫你'飓风迪伦'！但你的名字不在正式的飓风名单中。飓风名单每年一份，每出现一个新的热带风暴就按顺序从名单里为它选一个名字。"

"我有个好主意，迪伦，"贝儿说，
"你给这次的风暴起个傻一点儿的名字
吧，这样它就不会显得那么吓人了！"

人们会给热带风暴
起名字。用来给大西洋风暴
命名的名单总共有 6 组，每年
固定使用一组，6 年循环一次。
如果一个风暴造成的损失非常惨
重，这个名字就不会再使用，
人们会在名单中添加一个
新名字。

"哦，我懂了，"迪伦说，"那你觉得，热带风暴'臭臭'会变成飓风'臭臭'吗？"

贝儿笑了。"我们现在还不知道，不过请继续关注明天的天气，**因为天气一天一个样儿！**"

小实验：制作一份飓风名单

飓风的名字来自世界气象组织（WMO）颁布的正式名单。你可以登录网址www.hurricaneville.com/names，看看名单上有没有你自己的名字。

你可能知道很多飓风名单上没有的名字，那为什么不自己制作一份飓风名单呢？多有意思啊！在世界不同地区，给飓风命名的规则也不相同。在大西洋地区，世界气象组织使用人名给飓风命名，每个人名的首字母分别为除Q、U、X、Y、Z以外的21个英文字母中的一个，然后将这些名字按字母顺序排序。也就是说，飓风名单上有21个名字。你可以先在纸上写下一列字母，然后对应着写出你选好的名字。可以用家人、朋友、同学、宠物的名字，或者干脆自己编一个。正式的飓风名单中，男性名字和女性名字是交替出现的，你制作自己的名单时也要这样编排哟。

A、B、C、D、E、F、G、H、I、J、K、L、M、N、O、P、R、S、T、V、W

词汇表

热带风暴：在热带海域上空形成的风暴，风速在每小时 39 英里（约合 63 千米）到 73 英里（约合 118 千米）。

赤道：一条想象出来的、环绕地球表面且与南北两极距离相等的圆周线。

热带气旋：在热带海域上空形成的风暴，根据风速不同可分为热带低压、热带风暴、台风（飓风）等。

逆时针：与钟表指针移动方向相反的。

顺时针：与钟表指针移动方向相同的。

气象学家：经过专业学习，专门研究并预测天气的人。

内陆：远离海岸的地区。

龙卷风：在风暴非常大时出现的一种高速旋转的风。

延伸阅读

书籍

Bodden, Valerie. *Hurricanes*（《飓风》）. Mankato, MN: Creative Education, 2012.
从这本书中的大量实例及照片中，你能学到更多关于飓风的知识。

Dean, Janice. *Freddy the Frogcaster and Huge Hurricane.*（《青蛙气象员弗雷迪和大飓风》）Washington, DC: Regnery Kids, 2015.
和青蛙气象员弗雷迪一起，帮助荷花镇抵御即将到来的飓风吧。

Gibbons, Gail. *Hurricanes!*（《飓风！》）New York: Holiday House, 2009.
这本书中有很多关于飓风的信息，还写了它们造成的影响。

相关网站

飓风

http://www.ready.gov/kids/know-the-facts/hurricanes
玩个游戏，你就能学会如何为家人准备应急包了。

当心……飓风来了！

http://www.nws.noaa.gov/os/brochures/owlie-hurricane.pdf
给页面上的美国国家海洋和大气管理局吉祥物猫头鹰奥列上色，同时能学到更多关于飓风的知识。

孩子们的天气网站：飓风

https://scied.ucar.edu/webweather/hurricanes
这个网站内容非常翔实，还介绍了一个孩子在飓风中的真实遭遇。

只要知道天气是怎么回事，
你就不会害怕了！

你还可以登录 www.lerneresource.com，免费下载有关本书的
其他资料，学习更多知识。